8°S
2835

I0059692

CLASSIFICATION

DU RÈGNE VÉGÉTAL

EN 2 EMBRANCHEMENTS

4 SÉRIES, 8 CLASSES, 13 GROUPES ET 24 ORDRES

TABLEAU

DES FORMATIONS GÉOLOGIQUES

MONTRANT LA PREMIÈRE APPARITION SUR LA TERRE

DES DIFFÉRENTES FORMES DE LA VIE VÉGÉTALE

PAR T.-P. BRISSON, DE LENHARRÉE

Et meditabor in omnibus operibus tuis;
et in ad inventionibus tuis exercebor.
Ps. LXXVI, 13.

Lu à la Société académique de la Marne le 1ᵉʳ août 1881.

CHALONS-SUR-MARNE

CHEZ L'AUTEUR, RUE TITON, 33.

—

1882.

DÉPÔT LÉGAL
Marne
N° 49
1862

CLASSIFICATION

DU RÈGNE VÉGÉTAL

8° S
2835

CLASSIFICATION

DU RÈGNE VÉGÉTAL

EN 2 EMBRANCHEMENTS
4 SÉRIES, 8 CLASSES, 13 GROUPES ET 24 ORDRES

TABLEAU

DES FORMATIONS GÉOLOGIQUES

MONTRANT LA PREMIÈRE APPARITION SUR LA TERRE

DES DIFFÉRENTES FORMES DE LA VIE VÉGÉTALE

Par T.-P. BRISSON, de Lenharrée

> Seigneur, je méditerai toutes vos œuvres
> et je m'exercerai à connaître les merveilles
> de vos mains.   Ps. LXXVI, 13.

Lu à la Société académique de la Marne le 1er août 1881.

CHALONS-SUR-MARNE

CHEZ L'AUTEUR, RUE TITON, 33.

1882.

PRÉLIMINAIRES

Les végétaux font partie du règne organique ainsi que les animaux, mais ils se distinguent de ces derniers par leur mode de nutrition et surtout par le défaut de locomotion.

Ces êtres, étant dépourvus de la faculté de se transporter d'un lieu à un autre, sont obligés de puiser dans les milieux où ils sont placés (air, sol, eau) les matières organiques nécessaires à l'entretien et à l'accroissement de leurs organes.

Les parasites cellulaires diffèrent tellement des autres plantes, par exemple sous le rapport de la nutrition, que nous avons cru devoir en faire une classe distincte du règne végétal en les désignant sous le nom de Pseudo-végétaux

Les vrais végétaux se nourrissent en grande partie de matières inorganiques, de composés simples, qui se combinent pour former des composés plus complexes. Ils absorbent de l'acide carbonique et exhalent de l'oxygène. Les Pseudo-végétaux (champignons) au contraire se nourrissent, comme les animaux, de matières organiques, ils vivent de composés carbonés complexes et instables, qu'ils reçoivent d'autres organismes et décomposent ensuite. Ils respirent de l'oxygène et exhalent de l'acide carbonique comme les animaux.

De plus, les champignons sont dépourvus de la matière ou couleur verte (chlorophylle) qui caractérise les autres végétaux : voilà pourquoi ils ne forment pas d'amidon.

On peut encore ajouter que ces êtres ont une vie beaucoup plus courte que les autres plantes.

1° VÉGÉTAUX.

Dans ces préliminaires nous nous bornerons seulement à quelques notions et observations sur les fonctions vitales de ces êtres : la *nutrition* et la *reproduction* (1).

A. NUTRITION.

On appelle nutrition l'ensemble des procédés au moyen desquels l'individu vivant accomplit les diverses phases de son évolution, grandit et se conserve vivant. Il se fait entre l'être vivant et les milieux ambiants un perpétuel échange de matière ; il entre continuellement de nouveaux matériaux dans l'organisme, tandis que d'autres en sortent ; l'incorporation de ces matériaux à l'organisme vivant se nomme *assimilation* ; leur séparation chimique d'avec les parties constituantes du corps s'appelle *désassimilation* ; ces deux phénomènes constituent l'essence même

---

(1) Les fonctions vitales des végétaux étant communes avec celles des animaux, nos observations s'appliqueront souvent à ces deux sortes d'êtres, eu égard aux caractères qui les différencient,

de la nutrition (1). Mais, pour que ces combinaisons et décompositions aient lieu à l'intérieur de l'organisme, il faut que les matériaux soient introduits dans le corps et que les substances désassimilées en soient expulsées ; c'est par l'*absorption*, la *respiration*, les *sécrétions*, les *excrétions*, etc., qu'ont lieu ces échanges, avec diverses modifications selon les organismes. Ainsi la nutrition comprend des phénomènes d'ordre chimique, à l'intérieur des corps vivants, et des phénomènes d'ordre physique qui établissent la circulation de la matière entre les êtres vivants et le monde extérieur.

Chez les plantes, l'absorption se fait : 1° par les racines qui, plongeant dans le sol, y rencontrent certains sels qu'elles dissolvent (2) et qu'elles transportent, par la capillarité, dans toutes les parties de la plante, après qu'ils se sont transformés, par des procédés inconnus, en principes immédiats et en substances organiques ; 2° par les parties vertes des plantes ; celles-ci contiennent des cellules spéciales, colorées en vert et nommées *cellules chlorophylliennes*, qui ont la propriété de décomposer l'acide carbonique de l'air, sous l'influence de la lumière ; le carbone de l'acide carbonique reste dans la plante, se combine

---

(1) Chez les végétaux et les animaux, il se fait un changement continuel de matière. On sait que les corps des animaux ne possèdent pas, au bout de quelques années, une seule des molécules qui les constituaient auparavant. Cet échange perpétuel de matière dans les corps vivants constitue ce qu'on nomme le *tourbillon vital*, c'est la loi première du monde.

(2) Non-seulement il y a absorption, par la racine, des sucs contenant divers sels en dissolution, mais il y a une véritable digestion par les racines, car les racines rendent solubles des sels ordinairement insolubles, par le moyen de l'acide carbonique qu'elles exhalent, comme les sucs gastriques, chez les animaux, dissolvent les aliments. C'est ainsi que M. Sachs a vu des racines ronger la surface d'une plaque de marbre et en assimiler la substance. (Traité de botanique, p. 820).

avec l'eau et forme des hydrates de carbone divers, ou principes immédiats, tandis que l'oxygène est rendu libre (1), les végétaux sont donc des producteurs d'oxygène et des réservoirs de carbone. — En outre, les plantes respirent, c'est-à dire absorbent de l'oxygène, qui se combine avec une certaine quantité de carbone, avec dégagement de chaleur, et l'acide carbonique ainsi formé est exhalé, mais en quantité beaucoup plus petite que celui qui est introduit dans la plante par l'absorption chlorophyllienne. Les plantes dépourvues de chlorophylle, comme nous l'avons fait remarquer aux Pseudo-végétaux (champignons), n'absorbent pas l'acide carbonique et ne peuvent se nourrir que de matières organiques déjà formécs, tandis que les plantes vertes fabriquent la matière organique de toutes pièces, au moyen de substances purement minérales : elles sont *minéralivores* (2).

B. REPRODUCTION.

La seconde fonction commune aux êtres vivants de la création est la reproduction.

---

(1) On donnait autrefois à cette fonction de la chlorophylle le nom de *respiration* ; aujourd'hui on la regarde comme une absorption analogue à l'absorption des animaux. Il existe une respiration véritable, c'est-à-dire une inhalation d'oxygène qui se combine avec le carbone, en donnant lieu à une véritable combustion.

(2) Chez les animaux, l'absorption se fait le plus ordinairement par une cavité appelée bouche. Cette cavité existe avec de nombreuses modifications, dans toute la série animale, sauf quelques animaux inférieurs, les opalinés.

Nous ne décrirons pas ici les réceptables spéciaux dans lesquels les aliments pénètrent par des procédés divers ; nous dirons seulement que les animaux ne produisent pas les substances organiques de toutes pièces : on n'a jamais vu un animal vivre d'air et de cailloux, comme les plantes ; il leur faut des aliments organiques, graisse, viande, fécule, amidon, sucre, etc,

Les plantes, comme les animaux, jouissent de la faculté de se reproduire, en donnant naissance à des individus semblables à eux-mêmes. La reproduction est dite *sexuée* ou *asexuée*, selon qu'elle se fait par le concours de deux individus à sexes distincts, ou par un seul individu.

1° *Reproduction sexuée.* — La génération sexuée a lieu au moyen d'un germe de la femelle fécondé par le concours du mâle; chez les plantes, les individus mâles sont rarement séparés des individus femelles; il y a, généralement, non pas des plantes à sexes séparés, mais soit des fleurs mâles ou femelles sur un même pied, soit dans la même fleur, des organes mâles (étamines) et des organes femelles (pistils) : l'organe mâle produit le pollen, qui s'insinue par le style jusqu'à l'ovaire où il va féconder les germes (ovules) qui s'y sont développés. Tel est le cas général des *phanérogames*. Chez les *cryptogames* les choses se passent avec des modifications plus ou moins considérables. Ce mode de reproduction est universel chez les plantes ainsi que chez les animaux et absolument indispensable à la conservation des espèces. Il n'y a d'exception apparente que pour les êtres inférieurs, par exemple les *Nostochinées* qui consistent en des séries de cellules, le plus souvent simples, rarement ramifiées, en forme de filaments ou de chapelets. Ici, dit M. Sachs (1), la reproduction n'est connue que dans quelques genres de ce groupe, et il ajoute : « La découverte de l'alternance des générations et du polymorphisme dans certains groupes, laisse supposer que des formes jusqu'ici imparfaitement étudiées ne sont que des états de développement appartenant à des cycles morphologiques inconnus, tandis qu'on les considère, jusqu'à présent, comme des genres et

---

(1) Sachs : *Traité de botanique*, p. 288 et suivantes.

des espèces autonomes »; ce qui veut dire qu'on ne connaît pas suffisamment le mode de vie et le développement de ces organismes, pour rien affirmer de certain sur le mode de reproduction.

2° *Reproduction asexuée.* — La reproduction asexuée se divise en deux modes principaux, la *génération fissipare* ou *scissipare* (scissiparité) et la génération *gemmipare* (gemmiparité).

La génération par fissiparité ou scissiparité consiste en ce que chaque plante se divise en deux ou plusieurs parties dont chacune se complète et vit isolément ; c'est ainsi qu'une branche d'arbre coupée et mise en terre continue à croître et reproduit l'arbre d'où elle sort. Ces faits s'expliquent facilement : il est démontré que, dans les plantes, chaque bourgeon, chaque œil est un individu distinct, qui peut vivre séparément ; tant qu'il est attaché à l'arbre, il vit de la vie commune ; si on le détache, il trouve dans sa constitution tout ce qui lui est nécessaire pour vivre et se développer isolément. Un arbre est, non pas un individu unique, mais une réunion, une colonie d'individus semblables, dont chacun est indivisible, chaque fleur est une maison, une famille de cette agglomération. La scissiparité est également répandue chez certains animaux ; ainsi les vers sont de même une collection d'individus ; chaque anneau est un être spécial, incomplet, il est vrai, parce qu'il trouve son complément dans l'ensemble ; mais détachez un de ces anneaux, il vivra, et il trouvera en lui-même les forces nécessaires pour se compléter, en achevant son évolution, mais chaque anneau est indivisible, il est simplement *un*.

Si nous développons cette observation, c'est afin de faire reconnaître que tout être vivant est un, c'est-à-dire qu'il ne peut pas être divisé en plusieurs individus semblables, comme un morceau de métal, par exemple, qu'on peut partager en deux fragments semblables. Cette unité résulte de la subordination des parties à l'ensemble, ensemble où tout est lié, coordonné, de manière à former un seul tout, à concourir à un seul but, qui est la vie de l'individu. Cette unité est toujours simple et parfaite chez tous les êtres vivants. Chez l'homme aucune partie séparée de l'ensemble ne saurait vivre, ni fonctionner (1).

La génération gemmipare s'effectue par le moyen de bourgeons qui naissent en un point, tantôt arbitraire, tantôt déterminé de la plante ; ce bourgeon demeure ainsi sur la souche, se développe et acquiert peu à peu les caractères spécifiques de l'individu auquel il appartient. Aussi il est démontré que la reproduction asexuée n'est qu'un auxiliaire de l'autre. Cela prouve que les sexes doivent exister chez toutes les espèces d'êtres (2) et si aujourd'hui quelques plantes et quelques animaux n'ont pas encore livré le secret de leurs caractères différentiels, par rapport à la sexualité, il faut en attribuer la cause à l'insuffisance des observations et des moyens d'observation (3).

---

(1) Parmi les physiologistes qui ont reconnu et accepté l'unité absolue de l'être organique, nous citerons les noms illustres de Claude Bernard, Chauffart, Hirn, etc.

Les savants de cette époque n'ont fait que confirmer l'opinion d'Aristote et de saint Thomas. Ce dernier distingue entre l'unité simple et l'unité multiple, cette dernière résultant de l'assemblage de parties semblables, comme dans un corps brut; le grand docteur enseigne que l'être vivant est *simpliciter unum*.

(2) Je dis : chez *toutes les espèces*, et non : chez *tous les individus*; parce que la reproduction se fait chez plusieurs espèces, au moins pour quelques générations, par des individus non sexués ; l'espèce se compose donc des diverses formes d'êtres qui forment un cycle, c'est-à-dire de l'ensemble des générations successives issues l'une de l'autre et offrant des caractères divers (végétaux ou animaux sexués, non sexués, isolés ou agrégés, etc.)

(3) Cette conclusion a été formulée en ces termes par M. de Quatrefages : « Médiatement ou immédiatement, tout animal remonte

Chez quelques espèces d'animaux invertébrés, la génération sexuée alterne avec la génération asexuée. Elle consiste essentiellement en ce que deux individus sexués donnent naissance, au moyen de germes fécondés, à des individus sans sexe (polypes, méduses, etc.) ou tous de sexe féminin (pucerons) ; ces êtres subissent ou non des métamorphoses. Les individus asexués se reproduisent par fissiparité spontanée (méduses) ou par gemmiparité (arbres, polypes).

Les processus de la génération alternante sont fort divers et quelques-uns ne sont connus que depuis fort peu de temps ; mais les êtres qui se reproduisent ainsi, spontanément, naturellement, engendrent toujours des sexes après une ou plusieurs générations asexuées et le cycle recommence.

Note. — La reproduction asexuée peut donc suppléer à la reproduction sexuée, mais les savants paraissent généralement d'accord sur cette conséquence, tant pour les végétaux que pour les animaux, qu'il arrive toujours un moment où le pouvoir reproducteur asexué s'épuise, et où l'espèce s'éteindrait, si le concours des sexes ne venait imprimer une nouvelle vigueur au pouvoir reproducteur.

Ainsi soit une variété végétale prise parmi celles dont la multiplication s'opère uniquement par division, par exemple, des sujets de vignes qui auront été détachés d'année en année et à des époques très-différentes, il n'y aura à l'origine des individus issus du pied-mère, souche primitive de la variété, ni graine sexuellement fécondée, ni germination, ni jeunesse. Tous formés par séparation de l'une des parties du pied-mère ou d'un sujet issu de l'une de ses parties, soit immédiatement par lui-même, soit médiatement par ses ascendants, tous constitueront une collection d'êtres

---

donc à un père et à une mère. Et ce que nous disons des animaux s'applique également aux végétaux ... — Un père et une mère, c'est-à-dire un mâle et une femelle, telle est l'origine de tout être vivant. »

également éloignés de l'acte générateur qui a présidé à la naissance du tronc commun dont ils ont été séparés. Parmi les êtres multipliés de la sorte, il n'y aura donc ni jeunes, ni vieux, puisque l'acte de naissance de tous portera la même date, ou mieux sera unique. Aussi s'avanceront-ils tous parallèlement vers la vieillesse, bien que des circonstances diverses en hâtent les approches pour les uns et l'éloignent pour les autres. Pour cette variété, il arrivera une époque fatale, inévitable, où l'ensemble des êtres qui la constituent ressentira les effets de l'affaiblissement sénile et mourra tout entier de décrépitude.

En effet, les auteurs de tous les temps mentionnent des faits qui prouvent le dépérissement ou la fin des variétés végétales cultivées. Pline et Columelle ne reconnaissent plus dans la culture de leur époque les variétés fruitières décrites par Caton ; les vignes *aminées*, alors si célèbres par leurs excellents vins, étaient devenues presque stériles. Olivier de Serres, qui vivait sous le règne de François 1er, recherche les variétés de Pline et de Palladius sans pouvoir les retrouver. La plupart de celles qu'il signale lui-même, ainsi que la majeure partie de celles désignées par La Quintine, sous Louis XIV, ne sont plus connues.

C'est seulement sur la fin du 18e siècle que les naturalistes fixèrent leur attention sur la cause de l'affaiblissement sénile des variétés végétales multipliées par la division.

Marshall, dans sa publication de l'*Agriculture pratique des différentes parties de l'Angleterre*, a exposé l'idée que l'état maladif de certaines variétés de végétaux cultivés résultait de leur âge avancé et exigeait le renouvellement par le semis : « Les fruits greffés, dit cet agriculteur distingué, ne sont pas permanents, mais ne durent qu'un temps. Tout en permettant à l'homme de perfectionner les fruits qu'elle lui donne, la nature a mis des limites à son art et compté les années que doivent durer ses créations. Une propagation artificielle ne conserve pas les variétés perpétuellement; il vient un temps où la faculté de les reproduire ainsi lui est ôtée. Le même bois ou les mêmes vaisseaux de la sève perdent, au bout d'un certain temps, leur fécondité, le bois qui est produit par la greffe n'étant qu'une continuation de croissance, une extension du tronc orginel. »

Van Mons, en Belgique, professe les mêmes doctrines dans ses écrits pomologiques : « Les reproductions par d'autres voies que la graine, dit-il, sont des parties détachées d'un même tout ; la graine seule renferme les éléments d'une plante nouvelle. » Et ailleurs, le même auteur déclare que « les maux de l'âge, les progrès en caducité, sont infligés, non à l'individu-division, mais à l'individu-variation ; c'est la variété prise collectivement qui vieillit. »

La reproduction indéfinie par agamogénèse paraît donc impossible. C'est l'avis en particulier de MM. Knight, Cosson, de Quatrefages (1), Poiteau, Puvis, etc., ce dernier l'a résumée ainsi dans son *Mémoire sur la dégénération et l'extinction des végétaux* : « Tous les moyens de propager un individu par sa tige et ses racines ne sont, en quelque sorte, que le morcellement ou la division de l'individu primitif, et les parties, quoique séparées, lui appartiennent encore : c'est toujours une portion du même être, tige et racines dans les drageons, branche à laquelle on fait pousser des racines dans les marcottes ou boutures, bourgeons ou boutures qu'on place sur des tiges, sur des racines ou sur d'autres sujets dans les greffes. Tous ces moyens de propagation ne sont donc que la continuation de la vie d'un même individu : c'est donc toujours une branche, un bouton ou une racine de l'individu primitif qui, soit qu'on le plante ou qu'on le greffe, s'allonge en tirant sa nourriture du sol immédiatement ou avec l'intermédiaire d'un autre sujet ; c'est un même être dont l'art multiplie l'existence, mais qui reste toujours le même dans les diverses positions où l'homme le place. Mais la mort est attachée à tous les individus matériels ; elle est leur destinée dernière, plus ou moins reculée suivant les vues de la nature. La variété propagée par les soins de l'homme est donc destinée à périr comme l'individu primitif auquel elle est due et comme tous les êtres matériels. »

M. de Boutteville a savamment traité cette question dans un mémoire publié par la Société centrale d'horticulture de la Seine-Inférieure.

Ce savant dit quelque part : « En portant son attention sur la propagation des animaux et des végétaux de tout ordre, on est amené à reconnaître que la nécessité du renouvellement de la force vitale initiale par l'acte générateur est une loi commune à tous les êtres

---

(1) M. de Quatrefages dit qu'il résulterait nécessairement de l'emploi exclusif de la reproduction agame un affaiblissement dans les végétaux ; il cite l'opinion de M. Cosson, fondée sur l'observation des plantes cultivées. C'est à l'abus des reproductions généagénétiques, dit-il, que ce savant botaniste attribue, au moins en partie, les maladies générales qui désolent nos cultures ; il rapporte à la même cause la disparition du saule de Babylone, naguère encore si commun et dont nous ne possédons en Europe que des individus femelles, qu'il devient de plus en plus difficile de reproduire par boutures.

organisés, loi à laquelle aucune espèce ne saurait être soustraite et qui condamne irrévocablement à disparaître, dans un temps plus ou moins long, toutes les variétés qui ne peuvent se reproduire identiques par germes fécondés, quels que soient, d'ailleurs, les modes de multiplication qui permettent de les propager temporairement. »

D'après cet exposé, on doit donc s'attendre à voir disparaître les vignes de la Champagne dans un laps de temps plus ou moins long, puisque les vignerons champenois ne les multiplient que par division, c'est-à-dire sans graine sexuellement fécondée, ni germination. Ce qui prouve qu'il y a un affaiblissement sénile dans ces variétés, c'est que pour les maintenir à l'état de production, il leur faut non-seulement les soins que réclament les végétaux obtenus par des semis, mais il leur faut encore le provignage ou marcottage de chaque année avec une certaine quantité d'engrais.

Une nouvelle preuve de la caducité de ces vignes, c'est qu'elles produisent moins de fruits qu'autrefois, malgré tout le travail et l'engrais qu'on leur donne en plus. Il est donc de toute nécessité de renouveler les vignes par les semis. Mais comme toutes les vignes de la Champagne ne sont que des variétés, il arrivera que les sujets qu'on obtiendra des semis ne seront pas exactement semblables à leurs parents, car la grande loi de l'atavisme tend toujours à ramener les variétés au type de l'espèce.

Mais par des expériences que l'on peut faire sur un grand nombre d'individus, nous croyons qu'on peut encore obtenir de bonnes variétés. Seulement comme il est prouvé que la qualité du fruit ne peut s'acquérir que par le temps, on devra continuer les observations pendant bien des années avant d'obtenir un raisin propre à faire du bon vin de Champagne (1).

Mais si dans ces observations la sélection des graines ou des sujets obtenus par les graines est bien faite, il est évident qu'on obtiendra plus vite de bonnes variétés.

La vigne rajeunie ainsi d'après la loi la plus conforme à la nature des végétaux, aurait plus de vigueur pour lutter contre ses ennemis

(1) Puisqu'il peut s'écouler un grand nombre d'années avant que l'on puisse obtenir de bonnes variétés par les semis, il serait donc urgent de rechercher le meilleur moyen de conserver les variétés de vignes qui sont actuellement en culture. C'est-à-dire le mode de reproduction le plus favorable (autre que par la graine) pour maintenir ces variétés dans le meilleur état possible de santé et par conséquent de production.

et notamment contre le phylloxéra qui semble se naturaliser en France.

Enfin les plantations de vignes en chaintre ne réussiront certainement qu'autant qu'elles seront faites avec de jeunes sujets.

Les viticulteurs du département de la Marne agiront donc sagement, en se livrant à des expériences qui, tôt ou tard, profiteront aux négociants et aux propriétaires de vignes.

CLASSIFICATION

DU RÈGNE VÉGÉTAL[1]

1° VÉGÉTAUX.

La totalité des végétaux se divise nettement en deux embranchements, celui des *Phanérogames* et celui des *Cryptogames*, division établie, il y a plus d'un siècle, par Linné, l'un des précurseurs de la classification naturelle [2].

Le tableau suivant montre la relation de ces deux grands embranchements, principalement par la structure anatomique du végétal (vasculaires et cellulaires).

I. VASCULAIRES: { *a.* Phanérogames.   I. Phanérogames
               { *b.* Cryp. Vasculaires. }
II. CELLULAIRES.   *c.* Cryp. Cellulaires. } II. Cryptogames.

1° L'embranchement des phanérogames se partage en

---

(1) Pour établir cette classification nous avons consulté les ouvrages des plus illustres botanistes, principalement ceux de Tournefort, Linné, *de Jussieu*, de Candolle, Brogniart, J. Muller, Sachs, Haëkel, etc.

(2) L'ordre le plus naturel pour classer les êtres organisés est de commencer par les plus simples pour suivre l'échelle de gradation ; mais afin de donner plus de facilités aux jeunes botanistes, nous avons adopté le procédé contraire en débutant par les végétaux les plus parfaits.

BIBLIOTHÈQUE NATIONALE

2

deux séries, celle des *Angiospermes* et celle des *Gymnospermes*.

a. La série des angiospermes renferme deux classes fondamentales, les *Dicotylédonées* (1) et les *Monocotylédonées*.

b. La série des gymnospermes ne renferme qu'une seule classe : les *Polycotylédonées*. Ces végétaux paraissent occuper une position moyenne entre la série des angiospermes et la série des prothallophytes, mais parmi les premiers, c'est des plantes supérieures qu'ils se rapprochent le plus, notamment par leur structure anatomique, c'est ce qui fait que la plupart des auteurs les ont classés parmi les dicotylédones. D'un autre côté, il a été démontré tout récemment que la série des gymnospermes se rap-

---

(1) Dans l'état actuel de la science, le groupement systématique des plantes de la classe des *Dicotylédones* laisse encore beaucoup à désirer, car les auteurs sont loin d'être d'accord sur ce point. Hanstein a réuni les monochlamydées (apétales) aux dialypétales, de sorte que la classe des dicotylédones ne renferme que deux sous-classes ou *ordres* : les *Gamopétales* et les *Eleuthéropétales*.

Ce système a surtout le grave inconvénient de renfermer des types floraux qui diffèrent profondément les uns des autres et de donner une place trop grande, une signification beaucoup trop importante à ce caractère qu'une plante a une corolle éleuthéropétale (dialypétale).

M. Sachs trouve préférable d'établir les divisions de cette classe sur d'autres caractères et de n'employer l'argument tiré de la soudure ou de l'indépendance des pétales que pour subdiviser le plus grand des groupes principaux ainsi obtenus, lequel est pourvu de deux cycles au périanthe ou périgone.

Dans cette classification, la classe des dicotylédones renferme cinq divisions d'égale importance morphologique ou systématique, divisions, dit l'auteur, qu'il faut disposer par la pensée, non pas simplement à la suite l'une de l'autre en une série continue, mais bien plutôt en plusieurs séries parallèles.

Ce système est plus rationnel et plus pratique que celui de M. Hanstein, mais il reste dans cette classe 17 familles dont la parenté est inconnue à l'auteur, c'est-à-dire que ces 17 familles sont classées au hasard dans un même groupe.

proche des gymnospores, principalement par les corpuscules dans lesquels naissent les vésicules embryonnaires, ainsi que les grains de pollen qui trahissent une intime parenté avec les microspores des *Selaginella*. Aussi, à l'exemple de certains botanistes, nous rapprochons ces plantes des cryptogames, c'est-à-dire que nous plaçons les gymnospermes entre la série des angiospermes et celle des gymnospores. — Il y a là un mystère qui déroute complétement les transformistes : le rang que doivent occuper les gymnospermes (cycadées, conifères, gnétacées) dans le règne phanérogamique, a été discuté par les plus savants naturalistes et il le sera toujours. Les de Jussieu, de Candolle, etc., ont classé ces végétaux au bas de l'échelle des dicotylédones; tandis que M. Brognard les a séparés en les plaçant à l'extrémité supérieure des dicotylédones. Enfin d'autres en font les intermédiaires des monocotylédones et des cryptogames vasculaires (fougères). Les difficultés d'assigner une place naturelle aux gymnospermes sont celles-ci : si l'on prend pour base fondamentale 1° la structure anatomique du végétal, on est obligé de classer ces végétaux au degré inférieur des dicotylédones; 2° si c'est sur la graine (embryon et cotylédons) que l'on s'appuie, on placera au contraire les gymnospermes à la tête des dicotylédones.

Ce second système peut s'expliquer par le tableau suivant :

I. PHANÉROGAMES.

Graines polyembryonnées (Gymnospermes).

A. GYMNOSPERMES. { *Embryon polycotylédoné*   1. POLYCOTYLÉES.

Graines monoembryonnées (Angiospermes).

B. ANGIOSPERMES. { *Embryon à deux cotylédons*..............   2. DICOTYLÉES.
{ *Embryon à un seul cotylédon*...............   3. MONOCOTYLÉES.

II. CRYPTOGAMES.

Graines ou embryons homogènes (spores).

Spores devenues, par la résorption de la cellule mère, libres dans une cavité commune (Gymnospores).

C. GYMNOSPORES.
$\left\{\begin{array}{l} \textit{Vasculaires}\ldots\ldots\ldots\ldots \\ \textit{Cellulaires}\ldots\ldots\ldots\ldots \end{array}\right.$
4. SPORANGINÉES.
5. SPOROGONÉES.

Spores renfermées dans la cellule mère, qui persiste sous le nom de thèque (Angiospores).

D. ANGIOSPORES.
$\left\{\begin{array}{l} \textit{Contenant de la chloro-} \\ \textit{phylle}\ldots\ldots\ldots\ldots\ldots \\ \textit{Ne contenant point de} \\ \textit{chlorophylle}\ldots\ldots\ldots \end{array}\right.$
6. HYDROPHILÉES.
7. AÉROPHILÉES.
8. PARASITES.

3° Enfin, le 3ᵉ système est celui dont la fleur prime toutes les autres parties de la plante (graines et structure du végétal), *voy.* les séries une et deux du 3ᵉ tableau.

Ce troisième système est aujourd'hui admis par beaucoup de botanistes; et par rapport aux découvertes paléontologiques, les transformistes l'acceptent avec enthousiasme, probablement parce qu'il semble mieux se prêter à leur théorie, que les autres modes de classification ?

Il résulte de cette observation que les végétaux gymnospermes peuvent recevoir trois places différentes parmi les phanérogames. Leur classement dépend du point envisagé par les divers auteurs, tant il est vrai que le plan du créateur est encore à l'état de mystère.

2° L'embranchement des cryptogames se partage tout naturellement en deux séries, différant essentiellement les unes des autres par leur fructification, par leur texture et par leur forme extérieure ; ce sont les *Gymnospores* ou Prothallophytes et les *Angiospores* ou Thallophytes.

III. — TABLEAU TAXONOMIQUE DES GRANDES DIVISIONS DU RÈGNE VÉGÉTAL.

Embranchements.	Séries.	Classes.	Groupes.	Ordres.
		1. — DICOTYLÉES	1. — Pétalées	1. — Gamopétales.
				2. — Dialypétales.
			2. — Monochlamydées	3. — Inamentacées.
				4. — Amentacées.
	1. — PHANÉROGAMES. 1. — ANGIOSPERMÉES	2. — MONOCOTYLÉES	3. — Pétaloïdées	5. — Corolliflores.
I. — VÉGÉTAUX. Vasculaires.			4. — Sépaloïdées	6. — Inglumacées.
				7. — Glumacées.
	2. — GYMNOSPERMÉES.	3. — POLYCOTYLÉES	5. — Nudiflores	8. — Gnétacées.
				9. — Conifères.
				10. — Cycadées.
		4. — SPORANGINÉES	6. — Rhizosporées	11. — Rhizocarpées.
Cellulaires.	3. — GYMNOSPORÉES ou PROTHALLOPHYTES.		7. — Phyllosporées	12. — Sélaginellées.
				13. — Filicinées.
		5. — SPOROGONÉES	8. — Bryanthées	14. — Phyllobryées (Mousses).
2. — CRYPTOGAMES.				15. — Thallobryées (Hépatiques).
		6. — HYDROPHILÉES	9. — Hydrobryanthées	16. — Characées.
			10. — Floridées	17. — Erythrinées.
	4. — ANGIOSPORÉES ou THALLOPHYTES.		11. — Algacées	18. — Fucoïdées.
				19. — Confervacées.
				20. — Protoplastées.
		7. — AÉROPHILÉES	12. — Lichénacées	21. — Eulichénacées.
				22. — Collémacées.
II. PSEUDO-VÉGÉTAUX		1. — PARASITES	1. — Champignons	1 — Funginées.
				2. — Myxomycétes.

a. La grande série des Gymnospores ou Prothallophytes comprend deux grandes classes très-riches en types variés, la classe des *Sporangincées* et celle des *Sporogonées*.

b. Ce qui caractérise les *Thallophytes*, c'est que l'on n'a pas encore pu reconnaître chez eux les deux organes fondamentaux de la morphologie végétale, la tige et les feuilles. Le corps des Aérophilées, des Hydrophilées, y compris les Parasites (Pseudo-végétaux), est constitué uniquement par des cellules simples, que l'on appelle frondes ou thalles.

Les cryptogames étaient autrefois fort peu observés, mais, depuis quelques années, l'étude de ces plantes a pris un nouvel essor et fait des progrès considérables par suite de la perfection des instruments d'observation. On a découvert dans ces plantes une telle diversité de formes et de texture, que l'on peut distinguer cinq *classes* fondamentales et quatorze sous-classes ou *ordres*.

Le 3ᵉ tableau montre que les deux embranchements des phanérogames et cryptogames se distribuent en quatre séries, celles-ci en huit classes, puis en treize groupes, et enfin en vingt-quatre ordres.

Note. On ne peut se dissimuler que les tableaux taxonomiques des savants classificateurs de notre époque, présentent dans leur application de très grandes difficultés pour les commençants. Or, en établissant cette classification, nous avons eu pour but de diminuer cet embarras, en présentant un tableau taxonomique dont la description permettra de distinguer à première vue l'ordre auquel appartient le végétal que l'on aura à examiner.

A. VASCULAIRES.

Végétaux à texture celluleuse et vasculaire, pourvus de racines ; feuilles munies de véritables nervures.

Note. — Les végétaux vasculaires ont une structure plus compliquée et plus parfaite que les plantes cellulaires : la cellule se déforme, s'allonge, se transforme en canaux, en vaisseaux, en fibres : les interstices se garnissent de substances diverses et chaque fonction tend de plus à se localiser dans certains organes spéciaux.

Embranchement I. PHANÉROGAMES.

Plantes à organes reproducteurs constitués par des étamines et des pistils (Pollini — et ovulifères). — La reproduction a lieu par des graines composées d'un embryon renfermé dans des tuniques.

Série I. — ANGIOSPERMÉES.

Ovules renfermés dans un ovaire clos, grains de pollen unicellulaires, fécondation directe, sans concours d'un endosperme préliminaire, produisant un seul embryon (Monoembryonnées).

Classe I. — DICOTYLÉES.

(Dicotylédonées ou Exogènes).

Embryon à parties distinctes à deux cotylédons opposés (1) (c'est-à-dire que les feuilles séminales forment un verticille binaire). Endosperme fréquemment rudimentaire, souvent absorbé par l'embryon avant la maturité de la graine.

Les tiges des dicotylées présentent deux parties distinctes et croissent en sens inverse : l'une interne (le corps

---

(1) Les cotylédons sont des réservoirs de substance alimentaire qui entourent l'embryon de la plante et qui sont destinés à la nourrir tant qu'elle ne sera pas assez développée pour se procurer et élaborer elle-même sa nourriture.

ligneux) offrant au centre la *moelle*, et, successivement, du centre à la circonférence, une suite de couches annuelles, dont les unes intérieures, plus vieilles, plus dures, constituent le *bois parfait* et les autres extérieures, plus jeunes, plus tendres, portent le nom *d'aubier*.

L'autre partie de la tige qui enveloppe la première est *l'écorce* formée d'un épiderme, d'une couche celluleuse et de couches corticales dont les intérieures sont les plus jeunes (*liber*).

NOTE. — Les plantes de cette classe ont un système de canaux beaucoup plus régulier que celles des monocotylédones, grâce auxquels la sève monte d'abord par un tube central appelé étui médullaire, pour redescendre entre le bois et l'écorce où elle forme chaque année une nouvelle couche. Plus tard, quand le cœur du bois s'est durci, la sève continue à monter par des vaisseaux de plus en plus éloignés du centre ; mais toujours l'arbre s'accroît par le dehors, en sorte que sa croissance n'a d'autres limites que celles du temps et de la vitalité de l'espèce.

Groupe 1. — PÉTALÉES.

Organes sexuels entourés d'une corolle et d'un calice.

NOTE. — Les végétaux de ce groupe ont le calice et la corolle parfaitement différenciés, et le nombre fondamental des folioles florales est toujours de quatre, cinq ou un plus grand nombre.

Ordre I. — GAMOPÉTALÉES.

Corolle à pétales soudés entre eux.

NOTE. — La section des gamopétales, monopétales, synpétales, forme l'ordre le plus élevé, le plus parfait du règne végétal. Ici les pétales, habituellement séparés chez les autres végétaux à corolle, se soudent en une corolle plus ou moins campaniforme, cratériforme ou tubuliforme.

A. Gamopétales périgynes.

Corolle insérée sur le calice. Etamines insérées sur le calice avec la corolle ou insérée sur la corolle. Ovaire soudé avec le calice.

Familles (1).

1. COMPOSÉES.
2. DIPSACÉES.
3. VALÉRIANÉES.
4. RUBIACÉES.
5. CAPRIFOLIACÉES.
6. CUCURBITACÉES.
7. AMBROSIACÉES.
8. LOBÉLIACÉES.
9. CAMPANULACÉES.
10. VACCINIÉES.

B. Gamopétales hypogynes.

Corolle et étamines indépendantes du calice. Corolle insérée sur le réceptacle. Etamines insérées sur la corolle, très-rarement indépendantes de la corolle. Ovaire libre très rarement soudé avec le calice.

Familles.

11. GLOBULARIÉES.
12. VERBÉNACÉES.
13. LABIÉES.
14. OROBANCHÉES.
15. LENTIBULARIÉES.
16. SCROFULARINÉES.
17. VERBASCÉES.
18. SOLANÉES.
19. BORRAGINÉES.
20. CUSCUTACÉES.
21. CONVOLVULACÉES.
22. GENTIANÉES.
23. ASCLÉPIADÉES.
24. APOCYNÉES.
25. OLÉINÉES.
26. ILICINÉES.
27. PLANTAGINÉES.
28. PLOMBAGINÉES.
29. PRIMULACÉES.
30. ERICINÉES.

---

(1) Dans les familles, nous avons conservé le groupement des espèces, tel qu'il a été établi par MM. Cosson et Germain (*Flore des environs de Paris*, 1861).

Ordre II. — DIALYPÉTALÉES.

Corolle à pétales libres entre eux.

NOTE. Les plantes à fleurs en étoile (dialypétales, éleuthéropé-
tales) ont les folioles des organes floraux nettement séparées et ne
se soudent jamais entre elles, comme chez les gamopétales.

A. Dialypétales périgynes.

Pétales et étamines soudés à leur base avec le calice sur
lequel ils paraissent s'insérer. Ovaire libre ou soudé avec
le calice.

Familles.

† Ovaire soudé avec le calice.

31. SAXIFRAGÉES.	36. HALORAGÉES.
32. GROSSULARIÉES.	37. CIRCÉACÉES.
33. LORANTHACÉES.	38. ONAGRARIÉES.
34. HÉDÉRACÉES.	39. PHILADELPHÉES.
35. OMBELLIFÈRES.	40. POMACÉES.

†† Ovaire libre.

41. ROSACÉES.	46. LYTHRARIÉES.
42. AMYGDALÉES.	47. PAPILIONACÉES.
43. CRASSULACÉES.	48. RHAMNÉES.
44. PARONYCHIÉES.	49. TÉRÉBINTHACÉES.
45. PORTULACÉES.	

B. Dialypétales hypogynes.

Pétales et étamines indépendants du calice, insérés sur
le réceptacle ou sur un disque libre ou soudé avec la base
de l'ovaire. Ovaire libre.

Familles.

† Placentation pariétale.

50. VIOLARIÉES.	55. NYMPHÉACÉES.
51. CISTINÉES.	56. RÉSÉDACÉES.
52. CRUCIFÈRES.	57. PYROLACÉES.
53. FUMARIACÉES.	58. DROSÉRACÉES.
54. PAPAVÉRACÉES.	59. HYPÉRICINÉES.

† † Placentation axile.

60. MONOTROPÉES.	68. GÉRANIACÉES.
61. AMPÉLIDÉES.	69. BALSAMINÉES.
62. CÉLASTRINÉES.	70. OXALIDÉES.
63. HIPPOCASTANÉES.	71. LINÉES.
64. ACÉRINÉES.	72. ELATINÉES.
65. POLYGALÉES.	73. CARIOPHYLLÉES.
66. TILIACÉES.	74. BERBÉRIDÉES.
67. MALVACÉES.	75. RENONCULACÉES.

Groupe II. — MONOCHLAMYDÉES.

Enveloppes florales réduites au calice ou nulles.

NOTE. Ce groupe est le plus inférieur des dicotylédonées. Chez ces végétaux, le calice et la corolle ne sont pas encore parfaitement différenciés.

Ordre III. — INAMENTACÉES.

Fleurs pourvues d'un calice, très rarement dépourvues de calice, hermaphrodites ou unisexuelles, les mâles n'étant pas disposées en chatons. — Plantes herbacées, plus rarement arbres ou arbrisseaux.

Familles.

76. AMARANTACÉES.
77. SALSOLACÉES.
78. POLYGONÉES.
79. MORÉES.
80. CANNABINÉES.
81. ULMACÉES.
82. URTICÉES.
83. SANGUISORBÉES.

84. THYMÉLÉACÉES.
85. HIPPURIDÉES.
86. SANTALACÉES.
87. ARISTOLOCHIÉES.
88. EUPHORBIACÉES.
89. CALLITRICHINÉES.
90. CÉRATOPHYLLÉES.

Ordre IV. — **AMENTACÉES.**

Fleurs unisexuelles diclines : les mâles souvent dépourvues de calice, munies d'involucre ou d'écailles, disposées
en épis qui tombent en se désarticulant après la floraison
(chatons) ; les femelles pourvues ou non de calice, disposées ou non en chatons. — Arbres ou arbrisseaux (les
bouleaux, les aulnes, les saules, les peupliers, les hêtres,
les chênes, etc.).

Familles.

91. JUGLANDÉES.
92. CUPULIFÈRES.
93. SALICINÉES.

94. BÉTULINÉES.
95. MYRICÉES.
96. PLATANÉES.

Classe II. — **MONOCOTYLÉES.**

Embryon à parties distinctes à un seul cotylédon (*c'est-
à-dire que l'embryon commence à former ses feuilles en
disposition isolée*). Endosperme ordinairement très dé-
veloppé, embryon petit.

Tige ordinairement herbacée, très rarement ligneuse,
non séparable en deux zones distinctes d'écorce et de bois,

constituée par des faisceaux fibro-vasculaires épars dans le tissu cellulaire et ne formant pas de couches concentriques.

Feuilles ordinairement simples et parcourues par des faisceaux vasculaires ou « nervures » rectilignes.

Note. La sève des plantes monocotylées (monocotylédonées ou endogènes) ne fait que monter, elle ne redescend pas ; d'où il suit que la plante grossit de dedans en dehors, par la solidification de la sève qui monte au centre de la tige ; ces plantes n'ont pas de moelle, leur tige est généralement mince car elle ne peut plus grossir lorsque les enveloppes extérieures sont devenues trop dures pour céder à la pression que la sève exerce de dedans en dehors ; enfin la partie extérieure de ces plantes est toujours plus dure et plus ancienne que la partie intérieure (tout le monde peut s'en rendre compte en mangeant des asperges) ; on voit de plus que chez elles la circulation est incomplète, le développement fort limité et la structure peu compliquée.

Groupe III. — PÉTALOÏDÉES.

Enveloppe des organes sexuels colorée, pétaloïdée, ordinairement à deux cycles, l'extérieur rarement herbacé. Chaque cycle floral compte ordinairement trois folioles.

Ordre V. — COROLLIFLORES Endogènes.

Les deux cycles du périanthe sont nettement développés, et leurs feuilles sont le plus souvent grandes et toutes pétaloïdes ; ordinairement deux verticiles d'étamines et un cycle carpellaire. Ces cinq cycles sont le plus souvent ternaires.

† Ovaire non soudé avec le périanthe.

A. Cycle extérieur plus ou moins herbacé (verdâtre).

Familles.

97. ALISMACÉES.   98. BUTOMÉES.

B. Cycle extérieur non herbacé.

99. COLCHICACÉES.   101. ASPARAGINÉES.
100. LILIACÉES.

    † Ovaire soudé avec le tube du périanthe.

A. Cycle extérieur plus ou moins herbacé.

102. HYDROCHARIDÉES.

B. Cycle extérieur non herbacé.

103. DIOSCORÉES.   105. AMARYLLIDÉES.
104. IRIDÉES.   106. ORCHIDÉES.

Groupe IV. — SÉPALOÏDÉES.

Enveloppe des organes sexuels herbacée ou scarieuse, remplacée par des soies ou des bractées, ou nulle.

Ordre VI. — INGLUMACÉES.

Périanthe herbacé, scarieux ou nul.

† Hélobiées.

Plantes aquatiques avec endosperme très réduit ou sans endosperme. La région hypocotylée de l'axe de l'embryon est fortement développée, en d'autres termes est macro-pode. Les relations de nombre des diverses parties de la fleur diffèrent ordinairement du type normal des monocotylédones.

A. Graines dépourvues de périsperme.

107. JONCAGINÉES.   108. POTAMÉES.

B. Graines pourvues d'un périsperme mince.

109. Naïadées.   110. Lemnacées.

† † Micranthées.

Plantes terrestres ou marécageuses, fleurs ordinairement petites pouvant presque toujours se ramener au type pentacyclique trimère ou dimère.

A. Graines pourvues d'un périsperme farineux, farineux-charnu, épais.

a. *Spadiciflores.*

L'inflorescence est un spadice qui est ordinairement entouré d'une spathe monophylle le plus souvent roulée en cornet.

111. Aroïdées.

b. *Non spadiciflores.*

Fleurs en cyme ou en grappe ; les deux cycles du périanthe sont semblables.

112. Joncées.

Ordre VII. — GLUMACÉES.

> Les gramens, plébéiens, campagnards, pauvres gens de chaume et de balle (1), communs, simples, vivaces, constituent la force et la puissance du royaume et se multiplient d'autant plus qu'on les maltraite et qu'on les foule aux pieds.
>
> Linné.

Inflorescence en épi ou en panicule, fleurs très petites et imperceptibles, le plus souvent cachées entre les bractées

(1) *Balle :* synonyme de glume.

sèches étroitement rapprochées (*glumes et glumelles*), (cypéracées et graminées). Le périanthe manque ou est remplacé par des sortes de poils ou par de petites écailles ; le fruit supère est petit, uniséminé et indéhiscent. L'embryon est situé dans l'axe de l'endosperme et allongé (typhacées), ou placé à côté de l'endosperme et très-petit (cypéracées), ou également situé de côté, mais très-développé et pourvu d'écusson (graminées). - Plantes formant des rhizomes allongés et vivaces, lesquels émettent dans l'air des branches dressées à longs entre-nœuds minces, pourvues de feuilles étroites et très-longues disposées sur deux (typhacées et graminées) ou sur trois (cypéracées) rangs.

Familles.

113. Typhacées.   115. Graminées.
114. Cypéracées.

Série II. — GYMNOSPERMÉES.

Ovules nus, c'est-à-dire non renfermés dans un ovaire clos, grains de pollen cloisonnés, fécondation indirecte, le sac embryonnaire produisant d'abord un endosperme préliminaire (prothallium) dans lequel naissent les corpuscules (archégones) qui eux-mêmes produisent des (tétrades de jeunes) embryons (*Polyembryonnées*).

Classe III. — POLYCOTYLÉES.

Graines contenant primitivement plusieurs embryons mais tous avortent à l'exception d'un seul, lequel est souvent *pluricotylédoné* (1 à 15).

Groupe V. — NUDIFLORES.

Enveloppes florales nulles.

NOTE. Dans les trois ordres qui la composent : gnétacées, conifères et cycadées, la division des nudiflores embrasse des végétaux de port très différent, mais qui tous, par leurs caractères morphologiques, par les propriétés de leurs tissus, surtout par leur mode de reproduction sexuée, se rattachent à un même groupe naturel.

Ordre VIII. — GNÉTACÉES.

Cet ordre comprend seulement les genres *Gnetum*, *Welwitschia* et *Ephedra*. Les *Gnetum* sont des liasses ligneuses, les feuilles sont grandes et pétiolées. Le *Welwitschia mirabilis* ne possède que deux feuilles vertes d'une dimension énorme, la tige qui les porte ne dépasse que fort-peu le niveau du sol. Les *Ephedra* sont des arbrisseaux dépourvus de feuilles vertes.

Ordre IX. — CONIFÈRES.

Arbres ou arbrisseaux à suc résineux, à feuilles persistant ord. pendant l'hiver, ord. coriaces, entières, étroites, souvent aciculées, éparses ou fasciculées, plus rarement opposées ou verticillées, quelquefois très petites squamiformes imbriquées sur plusieurs rangs. Chatons sessiles ou pédonculés ; les chatons femelles n'arrivant ord. à la maturité qu'en deux ou trois années.

Classification de l'ordre des Conifères (1).

Famille. — 112. CUPRESSINÉES.

Feuilles, y compris celles de la fleur, en général opposées ou verticillées ; elles sont isolées dans la tribu *e*. Fleurs

---

(1) Sachs. *Traité de botanique*, p. 605.

monoïques où dioïques. La fleur mâle a ses étamines termi-
nées en écusson en avant et ses sacs polliniques fixés, au
nombre de deux, trois ou plus, à l'écusson. La fleur femelle
consiste en verticilles alternes de carpelles, qui portent à
leur base ou sur leur face interne un, deux ou plusieurs
ovules dressés ; dans le *Juniperus communis*, les trois
ovules alternent sur l'axe floral avec les trois carpelles.
Embryon avec deux, rarement trois ou neuf cotylédons.

Tribu **a.** — *Junipérinées.*. Fruit bacciforme (*Juniperus,
Sabina*).

— **b.** — *Actinostrobées.* Carpelles accollés bord à bord
en forme de valves et se rabattant plus
tard en une étoile à quatre ou six rayons
(*Widdringtonia, Frenela, Actinostrobus,
Callitris, Libocedrus*).

— **c.** — *Thujopsidées.* Carpelles imbriqués, c'est-à-
dire se recouvrant partiellement (*Biota,
Thuja, Thujopsis*).

— **d.** — *Crupressinées vraies.* Carpelles terminés au
dehors en un écusson polygonal (*Cupres-
sus, Chamœcyparis*).

— **e.** — *Taxodinées.* Carpelles en écusson ou imbriqués ; feuilles isolées (*Taxodium, Glyp-
tostrobus, Cryptomeria*).

Famille. — **113.** ABIÉTINÉES.

Feuilles le plus souvent allongées en aiguilles, disposées en spirale, isolées ou rapprochées par deux, par
trois ou en rosette sur de courts rameaux particuliers.
Fleurs monoïques, rarement dioïques. La fleur mâle est
formée d'étamines nombreuses munies de deux ou de plu-

sieurs sacs polliniques allongés. La fleur femelle consiste en un grand nombre d'écailles séminifères, disposées en spirale et qui, tantôt sont elles-mêmes des carpelles, tantôt s'insèrent sur de petits carpelles dont elles sont des dépendances et dans tous les cas se lignifient. Les ovules ont le micropyle tourné vers la base du support. L'embryon a de deux à quinze cotylédons.

Tribu a. — *Abietinées vraies*. Graines disposées par deux sur un placenta écailleux qui s'insère sur un petit carpelle ouvert (*Pinus, Tsuga, Abies, Picea, Larix, Cedrus*).

— b. — *Araucariées*, Graines isolées sur chaque carpelle et enveloppée par lui (*Araucaria*).

— c. — *Cunninghamiées*, Graines isolées ou insérées plusieurs ensemble sur un carpelle (*Dammara, Cunninghamia, Arthrotaxis, Sequoia, Sciadopitys*).

Famille. — 114. PODOCARPÉES.

Feuilles aciculaires ou plus larges, disposées en spirale. Fleurs dioïques ou monoïques. La fleur mâle a ses étamines courtes pourvues de deux sacs polliniques arrondis. La fleur femelle consiste en un axe renflé en haut et pourvu de petites écailles à l'aisselle (?) desquelles s'insèrent isolément les ovules. Embryon à deux cotylédons. (*Podocarpus, Davrydium, Microcachrys*).

Famille. — 115. TAXINÉES.

Feuilles disposées en spirale, parfois en forme d'aiguille, plus souvent élargies et quelquefois même très-larges ; les *Phyllocladus* n'ont pas de feuilles vertes, elles y sont remplacées par des rameaux foliacés. Fleurs toujours dioïques. Etamines de forme diverse, portant deux, trois, quatre et jusqu'à huit sacs polliniques pendants. Fleur femelle composée d'un axe nu ou couvert de petites écailles, axe qui porte à son extrémité ou latéralement les ovules dressés. Graine mûre entourée par un arille charnu ou par une couche externe pulpeuse appartenant à son enveloppe. Embryon à deux cotylédons.

Phyllocladus, Ginkgo, Cephalotaxus, Torreya, Taxus.

Ordre X. — CYCADÉES.

Les fleurs des cycadées sont toujours dioïques et la plante est par conséquent mâle ou femelle.

La tige acquiert la forme d'un tubercule arrondi, et, dans certaines espèces, elle conserve plus tard cette forme, tandis que chez la plupart des autres, elle s'allonge, dans le cours des années, en une *colonne dressée*, assez massive, qui atteint parfois quelques mètres de hauteur.

Embranchement II. — CRYPTOGAMES.

Plantes dépourvues d'étamines, de pistils et même d'ovules. La reproduction a lieu par des embryons homogènes (spores).

Série III. — GYMNOSPORÉES

ou Prothallophytes.

Spores devenues, par la résorption de la cellule mère, libres dans une cavité commune (gymnospores).

Fausses tiges pourvues d'un axe et d'appendices latéraux, s'accroissant par l'extrémité (acrogènes) ; la plupart simulent des tiges et des feuilles qui rappellent celles de classes plus élevées.

Note. La série des prothallophytes ou gymnospores renferme les plantes intermédiaires entre la tige et le thalle. Elles sont également les intermédiaires par les organes reproducteurs, les pistils étant en quelque sorte représentés par les sporanges ou sporogones et les étamines par les anthéridies.

† Cryptogames vasculaires.

Les cryptogames vasculaires renferment uniquement la classe des sporanginées.

Classe IV. — SPORANGINÉES.

Anthéridies et archégones sur la face inférieure des feuilles, plus rarement sur les rhizomes, fécondation produisant une plante adulte (non sexuelle); anthérozoïdes spiralés. Ces fils spiralés sont pourvus sur les premiers tours de nombreux cils vibratiles.

Groupe VI. — RHIZOSPORÉES.

Plantes pourvues de rhizomes (racines). Fructifications radicales.

Ordre XI. — RHIZOCARPÉES (inclus-isoët).

Sporanges dans un fruit spécial, de deux sortes ; spores de deux sortes, les mâles dans les microsporanges ou anthéridianges, les femelles dans les macrosporanges.

Groupe VII. — PHYLLOSPORÉES.

Plantes pourvues de rhizomes (racines). Fructifications agrégées situées à la face inférieure des feuilles, disposées quelquefois en épis terminaux, rarement placées à l'aisselle des feuilles ou des bractées et formant alors un épi (Lycopodiennes).

Ordre XII. — SÉLAGINELLÉES.

Sporanges nus de deux sortes ; spores de deux sortes, les mâles dans les microsporanges ou anthéridianges, les femelles dans les macrosporanges.

Ordre XIII. — FILICINÉES.

Sporanges nus, d'une sorte ; spores d'une sorte et non sexuelles.

B. Cellulaires.

† † Cryptogames cellulaires.

Plantes à texture celluleuse, composées simplement de cellules juxtaposées sans fibres ni vaisseaux, à travers lesquels la sève puisse monter et descendre ; dans ces plantes la sève tourne autour de chaque cellule (1) par un mouvement appelé mouvement de rotation.

---

(1) La cellule est un corps le plus souvent microscopique, généralement arrondi, constitué par une paroi dont l'intérieur est vide ou plein d'un liquide ; toute cellule renferme un ou plusieurs noyaux (nucleus) ; les cellules se reproduisent par segmentation ou division ; la cellule est considérée comme le dernier élément anatomique des tissus tant végétaux qu'animaux ; elle est le point de départ, le premier stade de tout organisme ; le germe de la plante commence par être une simple cellule ; l'ovule d'où naîtra plus tard l'animal et l'homme lui-même est primitivement une cellule. L'étude des cellules et des tissus élémentaires qu'elles forment constitue la science toute nouvelle qu'on nomme *l'histologie,* soit végétale, soit animale, soit humaine. Quant à l'origine de la cellule elle-même, les théories les plus récentes l'attribuent à une matière amorphe, le *protoplasma.*

Classe V. — SPOROGONÉES.

Anthéridies et archégones sur la plante adulte sexuelle, à fécondation produisant une fructification sporophore ; anthéridies spiralés.

Groupe VIII. — BRYANTHÉES.

Plantes pourvues de rhizines. — Les organes sexuels des Hépatiques sont ordinairement situés sur la face supérieure, sur la face éclairée du thalle ; chez les Mousses ils sont rapprochés ordinairement en grand nombre à l'extrémité d'un axe feuillé (1), simulant une *fleur* (fleur des Mousses).

Ordre XIV. — PHYLLOBRYÉES (Mousses foliacées).

Anthéridies simples, sans anthéridiange, spores (nombreuses) dans un sporogone.

Ordre XV. — THALLOBRYÉES (Hépatiques).

Anthéridies simples, sans anthéridiange, spores dans un sporogone.

Série IV. — ANGIOSPORÉES

ou Thallophytes.

Spores renfermées dans la cellule mère, qui persiste sous le nom de thèque (Angiospores).

Plantes ne présentant ni axe ni organes appendiculaires distincts, constituées exclusivement par du tissu cellulaire,

---

(1) Les branches mâles des Sphagnum font exception à la règle.

s'accroissant indifféremment par toute la périphérie (*Amphigènes*).

Classe VI. — HYDROPHILÉES.

Anthérozoïdes spiralés (*Hydrobryanthées*), non spiralés ou nuls, ou à fécondation sexuelle remplacée par la copulation (*Floridées, Algacées*) ; chlorophylle développée sous diverses formes et aspects, mais non organisée et individualisée en microgonidies. Plantes végétant et fructifiant dans l'eau.

NOTE. La lumière est pour les hydrophilées une condition nécessaire, car elles reposent toutes sur une assimilation directe et indépendante des éléments nutritifs du monde extérieur. Or ici, comme partout ailleurs dans le règne végétal, cette assimilation s'opère par la chlorophylle qui, à l'aide de la lumière, décompose l'acide carbonique et dégage l'oxygène. Les plantes hydrophilées ne sont donc jamais de vrais parasites, quoiqu'elles habitent souvent à la surface d'autres plantes.

Groupe IX. — HYDROBRYANTHÉES.

Plantes à frondes articulées, dont les nœuds produisent des verticilles de rayons sous forme de petites branches (simples ou ramifiées) qui portent les organes sexuels. Elles vivent en troupe, associées en gazon serré au fond des étangs d'eau douce, des fossés et des ruisseaux, exhalant souvent une odeur aliacée, fétide.

NOTE. Les hydrobryanthées (characées) diffèrent tellement des autres plantes que certains auteurs les rapprochent des bryanthées (mousses, hépatiques) ; tandis que d'autres les classent parmi les hydrophilées. Du côté des hydrophilées, elles se rattacheraient plutôt à certains types d'algues, mais elles s'en éloignent par la forme de leurs anthérozoïdes et ressemblent par ce caractère aux bryanthées, dont elles se séparent complètement à leur tour par la structure des anthéridies et de l'organe reproducteur femelle, comme aussi par l'organisation de l'appareil végétatif.

Ordre XVI. — **CHARACÉES.**

Anthéridies et oogemmes naissent toujours sur les frondes (thalle). Anthérozoïdes spiralés.

Groupe X. — **FLORIDÉES.**

> Les *Floridées*, par l'élégance infinie de leurs formes, par l'éclat de leurs couleurs brillantes et variées, forment le plus bel ornement de nos collections.
> D'ORBIGNY.

Les plantes floridées ou algues rouges sont extraordinairement riches en formes diverses et qui, à peu d'exceptions près (*Bratrachospermum*, *Hildenbrantia*, *Lemanea*, *Sacheria*), appartiennent à la mer. Dans l'état normal, elles sont colorées en rouge ou en violet, parce que la couleur verte de leurs grains de chlorophylle est masquée par un pigment rouge soluble dans l'eau froide.

Ordre XVII. — **ÉRYTHRINÉES**

ou **Phycoérythrinées.**

Anthérozoïdes oviformes, immobiles, sans cils vibratiles.

NOTE. Les anthéridies de ces plantes produisent une masse énorme de petits anthérozoïdes entièrement dépourvus de mouvement propre, mais qui sont entraînés par l'eau jusqu'à ce que l'un ou l'autre vienne s'attacher à un trichogyne pour y vider son contenu.

Groupe XI. — **ALGACÉES.**

Ce groupe renferme les algues brunes et les algues vertes.

Ordre XVIII. — **FUCOÏDÉES.**
XIX. — **CONFERVACÉES.**

Ces deux-sous classes ou *ordres* ont les anthérozoïdes oviformes, mobiles, avec cils vibratiles.

Ordre XX. — PROTOPLASTÉES.

Ces plantes font partie des premiers végétaux créés, elles sont désignées sous le nom de protistes par certains auteurs transformistes.

NOTE. Les naturalistes sont encore partagés sur la question de savoir si les *Diatomées* sont des plantes ou des animaux. On trouve ces êtres microscopiques dans la mer et l'eau douce en quantités énormes. Leurs formes sont très-élégantes et infiniment variées. Les diatomées peuvent se diviser facilement en fragments réguliers, rectangulaires, simples, qui deviennent autant d'individus distincts. Parfois elles sont immobiles et fixées, parfois elles glissent, nagent, rampent, roulent d'une manière toute spéciale. Leur substance cellulaire molle, ordinairement d'une nuance brun-jaune tout à fait caractéristique, se revêt toujours d'une carapace siliceuse solide (1), dont la forme est des plus élégantes et des plus variées. C'est seulement par une ou deux fentes existant dans la carapace, que le corps mou et plasmatique communique avec le monde extérieur. Ces organismes sont d'une abondance et d'une fécondité qui effraient l'imagination; d'après Ehrenberg, en 24 heures, les descendants d'une seule diatomée atteignent le chiffre d'un million; en 4 jours, celui de 140 millions.

Les carapaces des diatomées se rencontrent à l'état fossile en grande quantité; elles forment beaucoup de roches; par exemple, le tripoli de Bilin et celui des montagnes de la Suède.

Certains auteurs ont avancé que dans le port de Wismar, sur la Baltique, durant un siècle, il s'est déposé 64,000 mètres cubes d'organismes microscopiques (2), parmi lesquels les diatomées dominent.

Classe VII. — AÉROPHILÉES.

La fécondation sexuelle n'est pas encore bien connue, cependant, d'après M. Sachs, on est en droit de supposer

---

(1) Les diatomées ont donc la propriété d'enlever à l'eau la silice qu'elle contient.

(2) On sait que la phosphorescence est un phénomène commun en mer pendant l'obscurité, les eaux deviennent lumineuses, surtout le long des flancs et dans le sillage des navires. On avait attribué pendant longtemps ces lueurs à des causes électriques · il est démontré aujourd'hui qu'elles sont dues à la présence d'une foule innombrable d'animalcules phosphorescents.

que les apothécies de ces plantes sont issues d'un acte sexuel (Voyez renvoi p. 43). Les apothécies (appareil reproducteur) produisent les *spores*, elles sont renfermées dans de grosses cellules ou vésicules spéciales, appelées *thèques* (fruits thécasporés).

Chlorophylle développée et alors individualisée en microgonidies et gonidies.

Groupe XII. — **LICHÉNACÉES.**

Plantes dépourvues de véritables racines, vivant de l'air ambiant pur chargé d'humidité, c'est ce qui fait que chaque espèce peut choisir son substratum parmi les pierres, les rochers, les écorces, les bois, le fer, le verre, les os, le cuir, la toile, le drap, etc.

Ordre XXI. — **EULICHÉNACÉES.**

La partie végétative est un thalle *stratifié,* non gélatineux, formé de gonidies et de hyphes (ou cellules complètes) avec microgonidies.

Ordre XXII. — **COLLÉMACÉES.**

La partie végétative est un thalle *non stratifié, gélatineux* formé de cellules gonidiales ; grains gonidiaux épars, réunis en chapelet ou diversement agglomérés. Plantes se rapprochant des Nostocs.

2° PSEUDO-VÉGÉTAUX.

Les Pseudo-Végétaux font partie de l'embranchement des *Cryptogames* et de la série des *Thallophytes*, ils forment la classe des *Parasites* cellulaires.

Groupe unique. — CHAMPIGNONS.

La fécondation sexuelle n'est pas encore bien connue, cependant, d'après M. Sachs, on est en droit de supposer que les apothécies de ces êtres sont issues d'un acte sexuel (1).

Ordre 1. — FUNGINÉES.

La partie végétative est un mycelium formé seulement de hyphes (ou cellules complètes) sans microgonidies, sans gonidies.

Note. L'air atmosphérique est saturé de spores ou germes des parasites cellulaires, principalement des *Bactéries* (2). Ces derniers jouent un grand rôle dans les fermentations, la putréfaction et les maladies contagieuses.

---

(1) Sachs dit (*Traité de Bot.*, p. 371) : « d'après les connaissances récemment acquises sur la formation du fruit des Pyrénomycètes et des Discomycètes en particulier, d'après les recherches nouvelles de M. Janzewski sur *l'Ascobolus furfuraceus* (voir p. 362), on est en droit de supposer que les filaments tubuleux de la couche sous-hyméniale procèdent d'un ascogone ou scolécite, non encore rencontré jusqu'à présent, et qu'ainsi l'apothécie des *Lichens* est issue d'un acte sexuel, comme les périthèces des Pyrénomycètes et les réceptacles fructifères des *Pézizes* et des *Ascobolus* »

(2) Les *Bactéries* se rapprochent des parasites cellulaires par des affinités multiples, notamment par la reproduction et leur mode de vie parasitaire. Ces êtres microscopiques se multiplient non seulement par des spores mais aussi par *fissiparité*. C'est un 3° *ordre* qui devra être ajouté au groupe des champignons.

Ordre II. — **MYXOMYCÈTES.**

La partie végétative est un plasmodium formé de cellules primordiales, sans membrane cellulosique, sans microgonidies, sans gonidies (1).

GÉOLOGIE ET PALÉONTOLOGIE.

De toutes les sciences peut-être, la géologie est la plus importante, la plus vaste, la plus utile, la plus difficile, la plus obscure. Elle embrasse les questions les plus élevées de l'histoire naturelle et de la philosophie. Dans sa genèse, dans ses transformations, dans ses bouleversements, la terre n'a d'autres ancêtres que ses morts, d'autres monuments que des cimetières, au fond desquels gît toute son histoire. Les fossiles dispersés dans cet immense nécropole ont permis, seuls, d'entreprendre une théorie de la terre. Quand elle se borne à étudier et à décrire les richesses acquises, la géologie est une science exacte et cependant très curieuse. Mais s'agit-il de remonter aux causes, d'interpréter les faits et d'en tirer des inductions, tout devient obscur, contradiction, arbitraire.

---

(1) Les Myxomycètes ou Myxogastres sont de tous les champignons ceux qui, par leur nature, s'éloignent le plus du règne végétal ; aussi des Mycologues éminents furent tentés de les ranger dans le règne animal. Ces êtres abondent dans les jours les plus humides de l'année, du printemps à l'automne. Leur transformation, dit Montagne, est une opération de la nature aussi merveilleuse qu'incompréhensible : elle se fait souvent en peu d'heures, et l'observateur peut facilement assister à toutes ses phases.

Que l'on prenne comme base de classification la *paléon-tologie* ou la minéralogie, toutes les divisions sont défectueuses ; on voit, par exemple, souvent confondus par des accidents fortuits, les terrains d'eau douce avec les terrains marins.

Ainsi que l'illustre Cuvier le fait remarquer avec une autorité longtemps sans contradiction, c'est aux *fossiles* seuls qu'est due la naissance d'une véritable théorie de la terre, à eux seuls qu'on peut demander quelques mots de ce passé mystérieux dont la profondeur remplit d'épouvante. Ils nous ont appris que les couches, recélant ces fossiles, ont été déposées les unes par les convulsions de la nature, les autres paisiblement par un long séjour des eaux douces et salées. Seuls, ces débris organiques donnent la certitude que le globe n'a pas toujours eu la même enveloppe et qu'ils ont dû vivre à la surface de ces couches avant d'être ensevelis dans leur profondeur. S'il n'y avait pas de fossiles, personne ne pourrait soutenir que les terrains, quoique disposés en couches diverses, n'ont pas été formés tous à la fois. Nous sommes dans l'ignorance la plus absolue sur les causes qui ont pu faire varier les substances dont les couches se composent : gneiss, formations calcaires, marnes, argiles, bancs pierreux, terrains de transport ; nous ne connaissons pas même les agents qui ont pu tenir certaines d'entre elles en dissolution. A l'égard de quelques unes, on doute encore si elles doivent leur origine à l'eau ou au feu ; mais on est d'accord sur ce point, que la mer a plus d'une fois changé de place. Comment le sait-on, si ce n'est par les fossiles ? (1)

Pour montrer l'apparition de la vie sur la terre, nous

---

(1) *Voyez* Docteur Foissac : Le *Matérialisme* (coup d'œil philosophique sur l'origine de l'homme et des espèces organiques), 2ᵉ édition 1881. Tout l'ouvrage extrèmement intéressant.

donnons un tableau dont les couches stratifiées sont classées en époques d'après leur ordre d'ancienneté (*Voyez* le IVe tableau). Nous n'indiquons les roches cristallines que pour rappeler qu'elles forment la première couche, véritable ossature du globe, qui se forma par suite du rayonnement de la chaleur terrestre dans l'espace. C'est le granit, composé des roches les plus dures, et dont Mitscherlich assigne à 1,300 degrés le point de fusion. On peut se figurer que la partie liquide, une mer bouillante, enveloppait le globe, et que de cette mer s'élevaient des vapeurs embrasées, formant une épaisse enveloppe, impénétrable aux rayons du soleil. Aucune vie n'existait sur le globe ; on n'en trouve même aucun vestige dans les schistes cristallins qui se déposèrent au-dessous de la mer sans rivage, et que l'on peut regarder comme les premiers terrains de transition. Le règne végétal, qui vit et se développe en absorbant la matière inorganique, dut se former le premier ; toutefois aucun fait certain ne vient appuyer cette hypothèse. On peut cependant la justifier en disant que, par une prévoyance de la nature, le règne végétal absorba les masses de carbone et d'acide carbonique qui obscurcissaient l'air et le rendaient impropre à la respiration, c'est-à-dire à la vie des animaux.

NOTE EXPLICATIVE DU IVe TABLEAU.

Il résulte des recherches géologiques et de l'examen des fossiles que les couches profondes de la croûte ne renferment que des fossiles appartenant aux ordres les plus inférieurs de l'échelle, soit végétale, soit animale, et que, à mesure qu'on s'élève dans la série des terrains superposés, à mesure qu'on approche des couches les plus superficielles, on y trouve successivement, dans l'ordre que nous allons signaler, des fossiles de plantes (et d'animaux) appartenant aux groupes de plus en plus élevés au point de vue de la physiologie et du perfectionnement organique (1).

ÉPOQUE PRIMORDIALE. — Ce tableau montre que les végétaux inférieurs (Cryptogames Angiospores) ont fait leur apparition pour la première fois dans les couches stratifiées du premier cycle de l'écorce terrestre (2).

Les Hydrophilées (algues) ont apparu dans les couches les plus profondes, car les échantillons fossiles que l'on possède de l'étage primordial prouvent que ces plantes peuplaient les mers primitives.

Les Aérophilées (Lichens), à cause de leur structure spéciale, n'ont guère laissé derrière eux de débris fossiles tant soit peu caractérisés, mais on peut supposer que ces végétaux couvraient les roches desséchées ou terrains arides de la période *silurienne*, en même temps que les algues constituaient des forêts dans les mers. La preuve que les Lichens sont les premiers défricheurs du sol, ou plutôt qu'ils ont créé le sol lui-même sur les grandes masses minérales du globe, c'est que ce sont les seuls êtres de la création qui puissent vivre exclusivement de l'air atmosphérique. Ce qui le prouve encore, c'est que la lave noire si dure, qui dans les contrées volcaniques couvre de vastes espaces et qui, des siècles durant, oppose à toute végétation un invincible obstacle, ne peut être

---

(1) Les roches cristallines, qui constituent l'enveloppe du noyau central incandescent (feu central), ne contiennent aucune trace de fossiles.

(2) Ce tableau montre également que les couches stratifiées qui forment *l'écorce terrestre*, y compris le squelette de la terre (roches cristallines), ont une épaisseur maximum de 12 lieues ou 48 kilomètres et ce n'est là qu'une pellicule excessivement mince, eu égard au, volume de la planète : en représentant la terre par un œuf, la croûte (écorce terrestre) aurait à peu près l'épaisseur de la coquille. La circonférence de la terre étant de 40 millions de mètres soit en chiffres ronds 9,000 lieues de tour.

IVᵉ TABLEAU.

Des formations géologiques, montrant la première apparition sur la terre des différentes formes de la vie végétale.

ÉPOQUES.	PÉRIODES ou TERRAINS.	SÉRIES DES VÉGÉTAUX.
V. QUATERNAIRE.	Récent (alluvien). Postpliocène (diluvien)	Végétaux actuels.
IV. TERTIAIRE. 3,000 pieds.	Pliocène. Miocène. Eocène.	Angiospermes.
III. SECONDAIRE. 15,000 p.	Crétacé. Jurassique. Triasique.	Gymnospermes.
II. PRIMAIRE. 42,000 p.	Permien. Carbonifère. Devonien.	Gymnospores.
I. PRIMORDIALE. 70,000 p.	Silurien. Cambrien. Laurentien.	Angiospores. — Hydrophilées. — Aérophilées.
ROCHES CRISTALLINES	Anciennes. Eruptives.	

Parasites cellulaires ou champignons.

Noyau central incandescent.

vaincue que par les lichens. Ces végétaux commencent la fertilisation des blocs de lave les plus nus, les plus arides, les plus désolés et les conquièrent au profit de la végétation plus élevée qui leur succédera. C'est donc de leurs détritus que se forme la première couche d'humus sur laquelle les mousses, etc., viennent s'implanter. On peut dire avec le savant naturaliste de Humboldt :

Où le Chêne majestueux élève aujourd'hui sa tête aérienne,
Jadis de minces Lichens couvraient la roche dépourvue de terre.

Les Parasites cellulaires (champignons) sont inconnus dans les couches profondes (1).

ÉPOQUE PRIMAIRE. — Les végétaux de la série des cryptogames gymnospores ont apparu dans les couches de cet étage.

La période *devonienne* nous offre des sporogonées (mousses), et le terrain carbonifère des sporanginées (fougères), dont certaines atteignent plus de 30 mètres de hauteur. Les belles fougères arborescentes de notre époque, qui sont les ornements de nos serres, ne peuvent nous donner qu'une faible idée des magnifiques, des imposantes fougères foliacées de l'époque primaire, qui formaient à elles seules d'épaisses forêts.

Dans le terrain *permien* on découvre les mêmes plantes que dans les couches précédentes.

---

(1) Par rapport à leur état de parasite, on peut supposer que les champignons ont apparu sur la terre, par groupe, dans les quatre dernières époques. C'est dans les Aérophilées (Lichens) que ces parasites ont dû faire leurs premières victimes, puisqu'il est démontré que ce sont les premières plantes apparues sur la terre encore stérile.

Le rôle que ces êtres jouent dans l'univers, principalement comme destructeurs, semblerait qu'ils ont été créés pour faire la balance dans la nature.

Epoque secondaire. — Cet étage nous présente des végétaux de la série des gymnospermes.

Dans le *triasique* on trouve des fougères dont les espèces sont actuellement éteintes et l'on voit apparaître quelques conifères analogues. Durant la période *jurassique*, les fougères deviennent plus petites et les conifères plus grands et plus abondants.

Epoque tertiaire. — Des forêts de conifères de la période secondaire nous passons aux forêts à feuilles caduques de l'époque tertiaire, c'est la série des végétaux les plus parfaits, celle des Angiospermes. Mais les premières empreintes reconnaissables des végétaux angiospermes se trouvent dans la craie et appartiennent aux deux subdivisions des Angiospermes, les Monocotylédones et les Dicotylédones. Peut-être que la série tout entière est d'une date plus ancienne, elle remonte probablement au *trias* de l'époque secondaire.

On a découvert en effet des empreintes effacées et d'une détermination douteuse des terrains jurassique et triasique que certains botanistes ont rangées dans les angiospermes, d'autres dans les gymnospermes (1).

Epoque quaternaire. — Dans l'étage quaternaire on trouve les mêmes plantes que celles de nos jours. (2)

Note. Les transformistes, s'efforcent d'établir que les espèces se succèdent dans les divers terrains d'une manière continue et tou-

---

(1) Les plantes de la période *pliocène* se rapprochent de plus en plus des formes actuelles ; mais un ne trouve alors en Europe aucune de celles qu'on y rencontre aujourd'hui.

Ce qui se passe chez les végétaux se passe également chez les animaux, ainsi le mastodonte disparaît et le bœuf, le cheval, le chameau, l'hippopotame font leur apparition.

(2) L'existence de l'homme est constatée dans les couches stratifiées de l'époque quaternaire par des ossements humains et des produits de l'industrie humaine que l'on y rencontre.

jours progressive, mais rien n'est encore prouvé sur ce point. Nous sommes même loin de garantir l'exactitude du 4ᵉ tableau sur les végétaux apparus pour la première fois dans la succession des terrains, car les seules données qu'on puisse déduire nettement de la paléontologie actuelle est que : les plantes cellulaires précèdent les vasculaires, les cryptogames se montrent avant les phanérogames.

Châlons-sur-Marne. — Imprimerie F. Thouille.

DU MÊME AUTEUR :

SYNOPSIS DES LICHENS DE LA MARNE, 1875.

Les tableaux synoptiques de cette florule permettent d'arriver sans autre ouvrage descriptif à la détermination de l'espèce.

Premier et second suppléments, 1876, 1879.

EXAMEN CRITIQUE DE LA THÉORIE ALGOLICHÉNIQUE DE SCHWENDENER, 1877.

SUPPLÉMENT ET TABLEAU DE L'UNIVERS ou l'Harmonie qui existe dans la nature entre les gradations des végétaux et celles des animaux.

L'ARBRE GÉNÉALOGIQUE DE L'UNIVERS. — Étude sur les analogies physiologiques de la nature. — Cryptogames cellulaires comparés à une nation, 1879.

LICHENS DES ENVIRONS DE CHATEAU-THIERRY.

Les Lichens divisés en trois catégories : 1° *Lichens lentus*; 2° *Lichens rapidus*; 3° *Lichens medians*.

LE TRANSFORMISME condamné par les Lichens aussi bien que par toutes les autres plantes, 1880.

PSYCOLOGIE COMPARÉE DE L'HOMME ET DE L'ANIMAL au point de vue de l'intelligence.

Note sur l'utilité de vulgariser, au point de vue de l'agriculture, une étude de botanique élémentaire et locale dans les écoles primaires.

SUPPLÉMENT AUX LICHENS DES ENVIRONS DE CHATEAU-THIERRY, 1881.

LES OUVRAGES CI-DESSUS SONT EN VENTE

CHEZ J.-B. BAILLIÈRE ET FILS, RUE HAUTEFEUILLE, 19

PARIS.

Châlons, imp. F. THOUILLE, rue d'Orfeuil, 3.